给孩子的宇宙简史

[法]大卫·马尔尚（David Marchand）　[法]纪尧姆·普雷沃（Guillaume Prévôt）　著

[西]丹尼尔·迪奥斯达多（Daniel Diosdado）　绘

丁月圆　译

光明日报出版社

图书在版编目（CIP）数据

给孩子的宇宙简史 /（法）大卫·马尔尚，（法）纪尧姆·普雷沃著；（西）丹尼尔·迪奥斯达多绘；丁月圆译 . -- 北京：光明日报出版社，2024.3

ISBN 978-7-5194-7800-1

Ⅰ .①给… Ⅱ .①大… ②纪… ③丹… ④丁… Ⅲ .①宇宙—儿童读物 Ⅳ .① P159-49

中国国家版本馆 CIP 数据核字 (2024) 第 042775 号

La très longue histoire de l'univers © Éditions Milan, France, 2021
Text by David Marchand and Guillaume Prévôt ; illustrations by Daniel Diosdado

北京市版权局著作权合同登记号：图字 01-2024-0174

给孩子的宇宙简史
GEI HAIZI DE YUZHOU JIANSHI

著　　者：［法］大卫·马尔尚（David Marchand）　［法］纪尧姆·普雷沃（Guillaume Prévôt）	
绘　　者：［西］丹尼尔·迪奥斯达多（Daniel Diosdado）	
译　　者：丁月圆	
责任编辑：谢　香　徐　蔚	责任校对：孙　展
特约编辑：禹成豪	责任印制：曹　净
封面设计：万　聪	

出版发行：光明日报出版社

地　　址：北京市西城区永安路 106 号，100050

电　　话：010-63169890（咨询），010-63131930（邮购）

传　　真：010-63131930

网　　址：http://book.gmw.cn

E - mail：gmrbcbs@gmw.cn

法律顾问：北京市兰台律师事务所龚柳方律师

印　　刷：河北朗祥印刷有限公司

装　　订：河北朗祥印刷有限公司

本书如有破损、缺页、装订错误，请与本社联系调换，电话：010-63131930

开　　本：240mm×300mm	印　　张：6
字　　数：50 千字	
版　　次：2024 年 3 月第 1 版	
印　　次：2024 年 3 月第 1 次印刷	
书　　号：ISBN 978-7-5194-7800-1	
定　　价：69.00 元	

前言

相信每个人都曾想过这样一个问题：我们为什么会生活在地球上？在这颗奇妙的蓝色星球表面，有着数不尽的令我们惊叹的美景。得益于日渐成熟的航天技术，我们甚至能从太空中俯瞰地球，欣赏到这颗旋转着的椭圆形星球的美。

在地球之外，我们所面对的是更为广袤无垠的空间。就时间而论，宇宙早在约138亿年前就已诞生，而人类的祖先直立人200万年前才出现在地球上；就空间而言，在卡西尼号探测器从土星环回望地球并拍下的一张照片中，地球仅仅是一个小点而已。更不用说，地球所处的整个太阳系在银河系中都只是一个微小的存在——在可观测宇宙内的大约2000亿个星系中，它是那样微不足道。现在，打开手中这本与众不同、富有诗意且插图精美的书吧！它将带你领略银河系的风光，发现并认识我们的邻居巨行星和矮行星，以及围绕太阳运转的其他行星。

那么，现在的一切又是如何形成的呢？这就要追溯到那场不可思议的宇宙大爆炸事件了。大爆炸之后的宇宙不断冷却，物质逐渐沉淀形成结构，并在自身重力的作用下坍塌，同时被暗物质压垮。气体坍缩形成了恒星，通过核聚变方式将氢"燃烧"成氦，它们有的能够在宇宙中持续发光发热数百亿年——太阳，就是其中一员。但与其"恒星"之名相反，没有一颗恒星是永恒的，例如，太阳将在约50亿年后膨胀变成一颗红巨星，最终吞噬地球，而它的生命也将走向尽头。所以，是时候考虑迁徙到另一颗星球上去了！

弗朗索瓦丝·科姆

天体物理学家，法兰西学院教授
法国国家科学研究中心（CNRS）金奖获得者

宇宙之旅

为什么会有存在，而非一片虚无？

宇宙是一直就有的吗？它究竟有多大？

带着这些疑问，我们将目光转向天空，凝视夜空中的点点繁星。

虽然我们肉眼可见的星星，只是整个宇宙中很少的一部分，但对它们的探索将是我们踏入这段不可思议的浩瀚旅程的第一步。

而地球，则是那艘载着我们前往探索的船舰。

现在，我们正走在一条绚丽多彩的路上，迎接
我们的将是那神秘而又美丽的——宇宙的故事。

宇宙大爆炸

约138亿年前，一个体积极小却能量极大的点，向外膨胀。从此打开了空间，产生了时间，宇宙的帷幕就此拉开。

这是一切故事的起源吗？

时间出现之前又有什么呢？

宇宙急剧扩张，它释放的巨大能量转换为两种截然不同的存在：物质与反物质。它们的粒子互相碰撞，每次撞击都会形成光，但这些光很快就被困在原地。

直到38万年后，光才终于从物质的禁锢中解放出来，开始自由地飞行。

直至今日，我们依然沐浴在这些诞生于宇宙之初的古老光线下。

宇宙膨胀

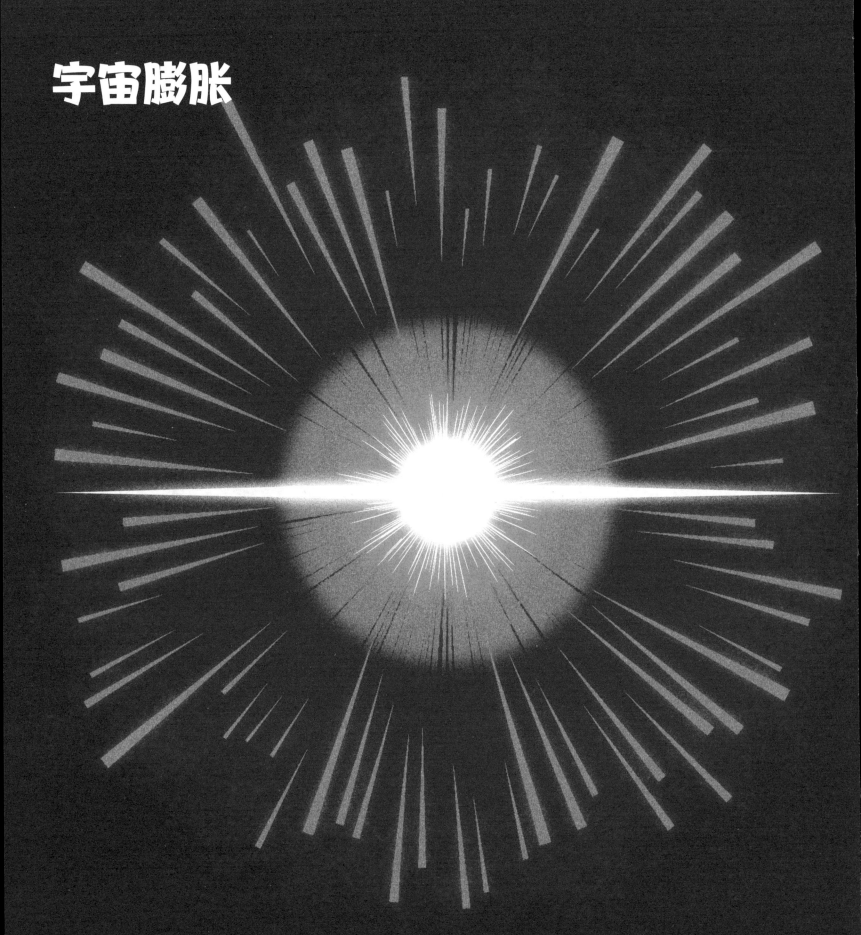

这个光线纵横交错的巨大宇宙，仍然在不断膨胀。同时，它也在渐渐冷却。伴随着宇宙的膨胀，最初构成物质的原子也逐渐分散开来。

又过了数亿年，终于，在时空这张巨大的画布上，原子聚集在一起，形成气体云。气体云不断地运动着、盘旋着。

暗物质

宇宙有自己的"骨架"，却细如游丝、仿若无骨，因为构成骨架的暗物质既看不见也摸不着。它们遍布时空，不断吸引可见物质，最终形成星系。

这种看不见的物质是由微小的重粒子构成的吗？

还是说，它是另一种完全不同的物质呢？

大自然在这里隐藏了什么奥秘？

在物质的黑夜里盛开着黑色的花。

——［法］加斯东·巴什拉

恒星诞生

冷冰冰的宇宙里，巨型的气体云不停
地旋转。经过了数百万年的时间，气体云
中的物质聚在一起、升温，最终完成坍缩。
突然，光芒乍现！最早的恒星诞生了！
在它们闪闪发光又炽热异常的内核
里，仍在不断产生更多新的、质量更大
的原子。

数十亿，甚至数千亿颗恒星不停地自转，在无边黑暗中描绘出一片又一片光之大陆——这就是我们今天所说的星系。

行星

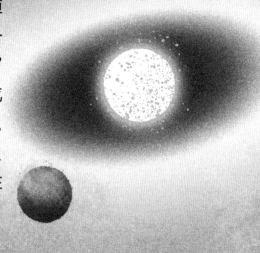

在每颗年轻的恒星周围，都环绕着一个厚厚的、"黏糊糊"的圆盘状结构，由气体和微小尘埃组成。这些尘埃时而碰撞、反弹，时而又聚集在一起。

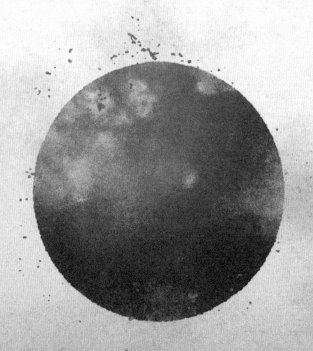

一片混沌中，尘埃逐渐变成越来越大的颗粒，它们贪婪地大口吸食着周围的物质，越变越大，逐渐形成巨大的岩石。就这样，在恒星附近，诞生了岩质行星。

圆盘的外围则充满冰块。在这里，也诞生了另一些体积、质量都更大的行星，它们全都身披一层气体外衣。

几百万年后，残存的气体消散，已经成熟的
恒星身边也被翩翩起舞的行星们所围绕。

黑洞

当大质量恒星走到生命尽头的那一刻，会轰然坍缩，形成黑洞。

"黑洞"是个"洞"吗？并非如此。它是一种特殊的天体，质量极大，密度极高。它像黑暗的食人魔，能敏锐捕捉到试图靠近它的恒星，并将它们一层层剥开，撕裂成一个由炽热气体组成的圆盘——吸积盘。

吸积盘不停地旋转，其中大部分物质被黑洞吞噬，部分残骸会以一股喷流的形式被黑洞猛烈地喷射而出。

即使是光，也无法从黑洞可怕的魔掌中逃脱：
光线的路径会被扭曲，一样难逃被吞噬的命运。

对黑洞来说，空间是扭曲的，时间则永远静止。
它会是通往宇宙中其他未知领域的入口吗？

宇宙家族

无数天体自宇宙中孕育而生，巨大的气体云中则诞生了恒星。

数不清的恒星

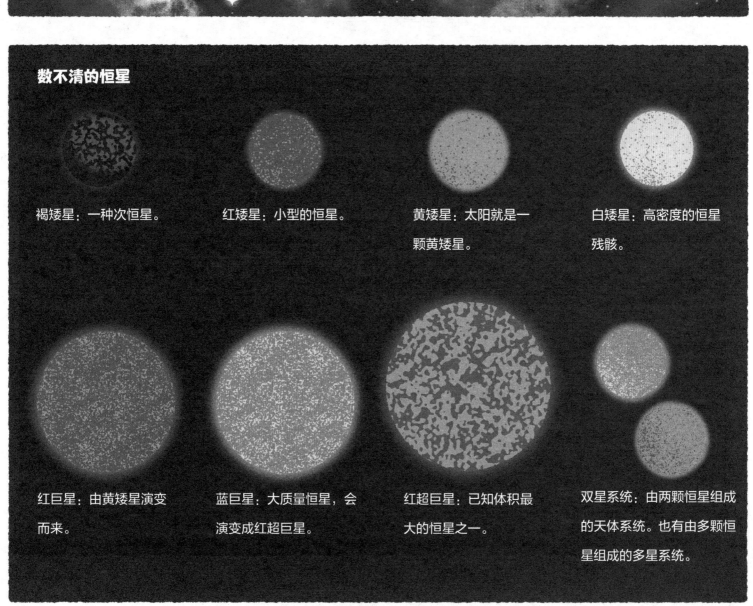

褐矮星：一种次恒星。

红矮星：小型的恒星。

黄矮星：太阳就是一颗黄矮星。

白矮星：高密度的恒星残骸。

红巨星：由黄矮星演变而来。

蓝巨星：大质量恒星，会演变成红超巨星。

红超巨星：已知体积最大的恒星之一。

双星系统：由两颗恒星组成的天体系统。也有由多颗恒星组成的多星系统。

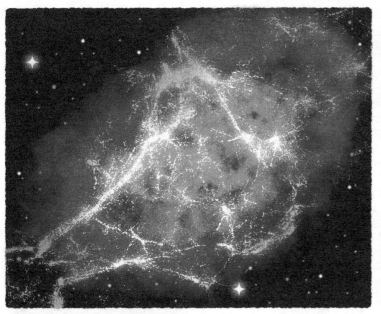

超新星：由大质量恒星爆炸形成。

脉冲星：就是旋转的中子星，仿佛一颗疯狂旋转并不断发出电磁脉冲信号的陀螺。它释放信号的频率非常规律，就像宇宙里的时钟。

类星体：即"类似恒星天体"，是带有超大质量黑洞的星系，能喷射出强大的粒子流和光束。

流浪星球：由冰和尘埃构成，包括一些流浪行星、彗星等。

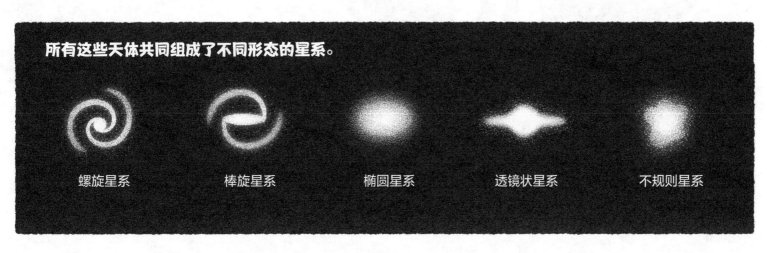

所有这些天体共同组成了不同形态的星系。

螺旋星系　　　棒旋星系　　　椭圆星系　　　透镜状星系　　　不规则星系

太阳诞生

无数光束在宇宙中纵横交错。在整个拉尼亚凯亚超星系团中，有这样一个看似再寻常不过的棒旋星系，它就是我们身处的银河系。

在银河系的一条旋臂上，空间突然震荡：大质量恒星爆炸演变为超新星，新一代恒星则在此过程中诞生。爆炸时，它们在寂静的宇宙中掀起一阵"风暴"，将自身的金属元素抛撒到宇宙中。

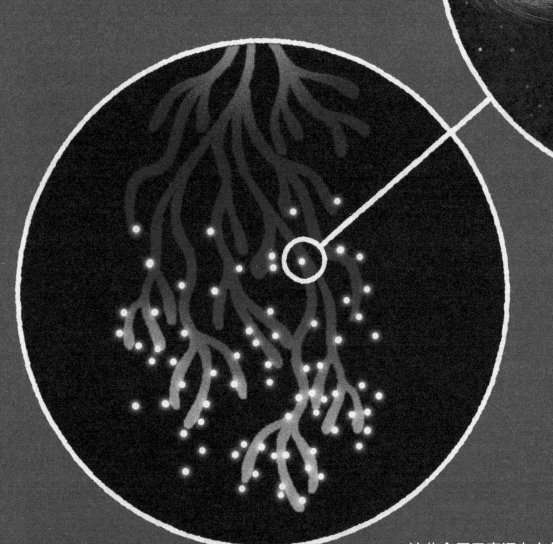

这些金属元素混杂在氢云中，互相挤压，形成了一层由气体和尘埃构成的外壳，随后又坍缩、升温。介质冷却后，数百颗姐妹星球就此诞生。

很快，它们四散到银河系中。在这些恒星当中，有一颗直径超过100万千米的炽热的黄矮星，它就是照耀着我们的太阳。

地球形成

无数大小不一的宇宙碎片围绕着年轻的太阳不停地旋转。在旋转中，有些碎片互相吸引，聚成越来越大的团块。

起初团块的形状并不规则，后来在自身重力的作用下，慢慢变圆。

一颗小小的、普通的星球在慢慢壮大，就这样，地球形成了。

可是灾难接踵而至！

在数百万年间，地球一直被小行星和彗星撞击。在持续撞击的影响下，地表不断升温，变成一片熔岩的海洋。熔融的金属不断向地球中心流动，最终形成了地球的核心——地核。

突然！巨大的阴影覆盖了地球。忒伊亚，另一颗星球，正在逼近地球！嘭！它们相撞了……

忒伊亚星球自身被撞得四分五裂，而地球的根基也被狠狠撼动。至此，两颗星球合二为一。

两颗星球撞击后产生的残余碎片仍然在宇宙中燃烧着，飘浮着。

在这圈飘浮物之中，一颗汇聚了这些残留物质的星球就此诞生：这就是我们今天看到的月球。

太阳系

围绕太阳旋转的星体，可是一个庞大的家族。

四颗岩质行星（类地行星）

水星：铁核行星，没有大气层，星球表面由平原、山脊和陨石坑覆盖。它朝向太阳的那面炽热且明亮，而背阴处则冷如冰窖。

金星：坚硬的熔岩行星，表面由熔岩组成，上空包裹着浓厚的大气层。这里仿佛一个被高气压、酷热、狂风和酸性浓雾重重包围的炼狱。

地球：一颗表面呈蓝色、白色、绿色和赭色的美丽星球。这里也是孕育生命的摇篮。

火星：表面遍布陨石坑和高原火山、沙丘等，两极各戴着一顶冰制的大帽子。这片荒漠上也常年刮着由沙尘形成的风暴。

四颗气态巨行星（类木行星）

木星：太阳系中最大的行星，表面呈条纹状。在它那比地球还大的"大红斑"里，正刮着前所未见、超级剧烈的大风暴。

土星：被行星环围绕的行星，该行星环主要由冰粒和尘埃构成。它不断被强风和雷暴鞭笞。

天王星：太阳系最冷的行星，常年刮冷风，同样被行星环围绕。在它的层层大气之下，是一个富含铁和盐的内核。

海王星：蓝色的神秘星球。当它的地表刮着地狱般的飓风时，高空中正飘着平静的白云。

另外，太阳系中还分布着小行星带：一个在木星和火星之间，另一个则在海王星之外。

矮行星

冥王星

阋（xì）神星

谷神星

鸟神星

妊（rèn）神星

一些行星和围绕它们的卫星

地球　　火星　　　木星　　　　　　土星　　　　天王星　　海王星

月球

火卫一

火卫二

木卫一

木卫二

木卫三

木卫四

土卫一

土卫二

土卫三

土卫四

土卫五

土卫六

土卫七

土卫八

土卫九

天卫十五

天卫五

天卫一

天卫二

天卫三

天卫四

海卫八

海卫一

海卫二

除地球和火星外，以上行星还有更多的卫星……

另外，在太阳系的边缘，有一个巨大的彗星云团。

25

地球上的生命

地球，这颗炽热的岩浆球，正在慢慢冷却。岩浆中的气体散逸到空中，形成大气层，雨水也随之降落。

这场猛烈的暴风雨持续了数百万年。它不断冲刷陆地，直到将其变成一片汪洋大海。

就这样，地球的表面覆盖上了一层薄薄的水。

海面上不断腾起的惊涛巨浪，也从空中汲取了形成生命所需的初始要素。海水里逐渐长满了微小的藻类。

这些小小的生命首先征服了海洋，又逐渐向陆地转移阵地。在这一过程中，它们的形态经历了千变万化……生命就这样不断演变！历经数十亿个物种的兴盛衰亡后，今天的地球上只留下了近1000万种不同的生命体。

终于，地球在不知不觉中迎来了最激动人心的时刻：人类的出现。

宇宙尘埃

你知道吗？人体其实是由宇宙中的尘埃组成的。宇宙物质的构成元素与人体的构成元素基本相同。

"我是谁？我在哪里？"我们总是这样问道。

为了回答这个问题，为了更好地了解自己，人类开始向宇宙——这个诞生于大爆炸、从一个渺小的点逐渐变得宏大丰富的存在——迈出了探索的脚步。

四位"信使"

人们抬头仰望星空。

多亏了可见光，它帮我们揭开了宇宙神秘的面纱。

在整个宇宙中，地球渺小到连尘埃都算不上。

后来，科学家们又发现了肉眼不可见的光，并制造了专门的仪器捕捉它们。

科学家们也因此证实了，宇宙有着悠久的历史，是一个古老的存在……

我们当下所看到的宇宙，其实都是它过去的样子。

光的传播速度极快，但宇宙更是广袤。那些在夜空中闪烁着的点点繁星，有的可能早已消亡。

天文学家们正是从宇宙的过去着手，一点一点地研究这个神秘的存在。

终于，在光之外，人类又发现了其他三位来自宇宙的"信使"：中微子——跨越了整个宇宙的粒子；宇宙射线——来自外太空的高能带电粒子流；引力波——时空剧烈震动所荡起的"涟漪"。

这四位"信使"身上都携带着关于宇宙故事的不同碎片。

通过四位"信使"观察宇宙

一、可见光和不可见光

为了追踪宇宙中的可见光，人们制造了越来越精密的望远镜，极大地扩展了人类对宇宙的观测范围。

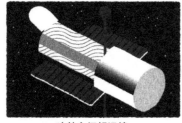

哈勃空间望远镜
（太空）

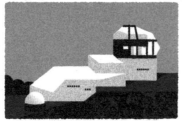

薇拉·鲁宾天文台大型综合巡天望远镜（LSST）
（智利）

紫外线揭开了星辰之间广阔空间的面纱。

远紫外分光探测器（FUSE）
（太空）

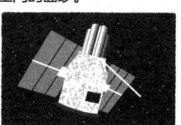

哥白尼天文卫星
（太空）

来自太空的无线电波被巨大的射电望远镜所追踪。

绿岸射电天文望远镜（GBT）
（美国）

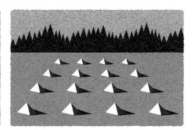

南赛无线电天文台 NenuFAR 天文望远镜
（法国）

X 射线望远镜可用于探测中子星和黑洞。

XMM- 牛顿卫星
（太空）

微波揭示了来自宇宙伊始的背景辐射。

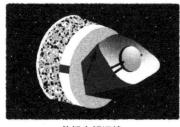

普朗克望远镜
（太空）

北部扩展毫米阵列天文台（NOEMA）
（法国）

伽马射线发现了宇宙中最具能量、最猛烈的活动现象。

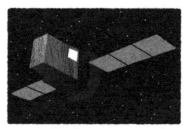

国际伽马射线天体物理学实验室
（INTEGRAL）
（太空）

高能立体视野望远镜（HESS）
（纳米比亚）

红外线能帮人们探测遥远的恒星，让我们了解更深广的宇宙。

太空探测器离地球越来越远。这些设备能够捕捉到多种不同的电磁波：可见光、无线电波、红外线、紫外线、X 射线等。

莫纳克亚天文台的三台望远镜
（美国夏威夷莫纳克亚山）

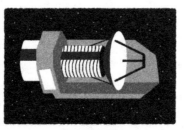

赫歇尔望远镜
（太空）

卡西尼－惠更斯号探测器
（围绕土星及其卫星）

旅行者 1 号及 2 号探测器
（太阳系边缘）

二、宇宙射线

宇宙射线是来自外太空的高能粒子流，探测宇宙射线可以帮助人们研究黑洞、暗物质等。

皮埃尔·奥格天文台
（阿根廷潘帕斯草原）

望远镜阵列
（美国犹他州沙漠）

阿尔法磁谱仪
（国际空间站）

三、中微子

更难被探测到的中微子，几乎可以穿透一切，在宇宙中直行很远也不会发生偏离。

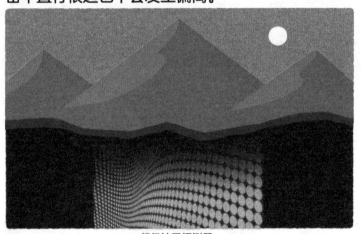

超级神冈探测器
（日本）

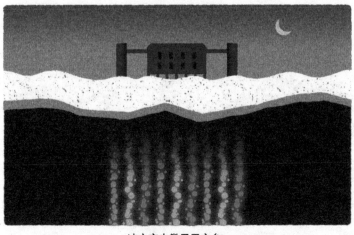

冰立方中微子天文台
（南极）

四、引力波

引力波探测器揭开了黑洞与中子星碰撞的奥秘。

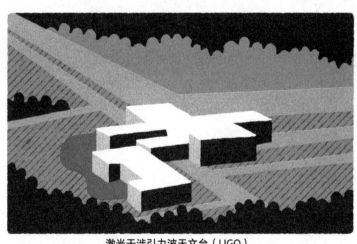

激光干涉引力波天文台（LIGO）
（美国）

室女座干涉仪
（意大利）

系外行星

海洋行星、钻石行星、铁雨行星（那里甚至会下"铁雨"）、与四颗恒星相伴的行星、因为没有可围绕运转的恒星而永远在无边黑暗中漂流的流浪行星……

宇宙中就这样居住着数不尽的行星——比地球上的沙粒还要多！

在这么多行星中，哪些像地球一样适合居住？

是那些与恒星保持一定距离、表面有液态水的行星，

还是那些有大气层保温并保护星球免受陨石直接撞击的行星？

抑或是那些自带磁场、保护星球不受恒星致命风暴侵袭的行星？

外星生命

宇宙中有如此多的行星！

因此我们不由得猜测：除了地球上的生命，是否还存在外星生物？

有些外星生物可能已经存活了数十亿年，比我们人类出现的时间

要早得多！那它们为什么没有来地球和我们打招呼呢？

也许……

也许地球是宇宙中唯一能够孕育生命的绿洲？
它独特的环境创造了生命奇迹，其他星球上可能并
不具备这样的条件。

也许其他所谓"宜居"
的星球，只适合没有意识
的微观物种生存。

也许宇宙中的其他居民，在消耗完各
自星球上的资源后灭绝了。

也许，它们就在那里，以一种人类无法
理解的形式存在于宇宙的各个角落。

太阳系的终结

太阳的光芒总是那样耀眼，因为它不知疲倦，一刻不停地汲取并燃烧着自身的能量。大约10亿年后，地球上的植被就会在太阳的炙烤下全部枯萎，地表的水也会全部蒸发。

到那时，地球附近的行星可能会变成另一个更适合人类居住的家园。

约50亿年后，太阳的能量终将燃烧殆尽。它将不断膨胀至一颗红巨星，并无情地吞噬离它最近的行星，比如，水星和金星。而地球，或许也难逃这一命运。

届时，太阳将向太空喷射巨大的物质云：它们像烟花般散开，形成行星状星云。同时，太阳的核心会被极力压缩为白矮星，再变成黑矮星，并将永远冷却下去。

而太阳喷射出的尘埃和气体，将形成新的恒星。

仙女座星系和银河系的碰撞

目前，我们所处的银河系和它的邻居仙女座星系正飞速向彼此靠近。这是不可避免的：预计40亿年后，当这段漫长的奔赴结束时，两个星系终将相遇并紧紧拥抱对方。

万亿颗恒星也将彼此交错，但不会相撞，因为它们之间的距离是那样遥远，而两个星系中心各自巨大的黑洞，则会慢慢地融入彼此。这时的它们如同两只被唤醒的巨兽，大口吞噬沿途的星云，并在融合后释放出前所未见的能量。

　　原本的银河系和仙女座星系就将这样被打散重组。全新的恒星随之出现，重新绘制这片浩瀚的星空。

宇宙可能的结局

在暗能量的作用下，宇宙正在加速膨胀。然后会发生什么呢？宇宙中的星系团、星系和恒星系统，都会被这股极端的力量摧毁吗？

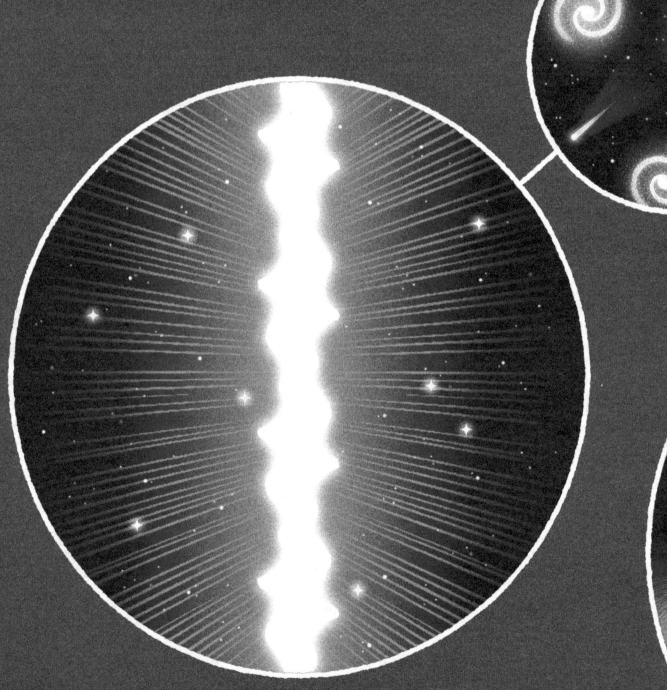

假设宇宙能够经受住这次考验，它也将继续衰老下去。宇宙中无数的恒星都将不再闪耀。没有了气体，它们要怎么继续发光呢？黑洞则会将一切天体残骸吞噬殆尽，它本身也会在很久之后逐渐蒸发。

未来会是什么模样？一个空荡、黑暗、冰冷却永恒的宇宙——或许这就是一切的结局。

但也不一定。

暗能量或许会逐渐耗尽，而摆脱了这股力量的宇宙可能反而会收缩，直至自行坍塌。它会重新缩成一个点，再次爆炸。终于，一切都将重来！一个崭新的周期即将开始，并赋予宇宙全新的生命。

多重宇宙论

在广袤的银河系中，太阳只是无数星辰组成的沙漠中的一粒沙。

而在银河系所处的超星系团中，银河系也仅仅是不同星系构成的无边森林中的一片叶。

那么我们身处的宇宙呢？它会不会也只是众多平行宇宙组成的洪流中的一滴水？

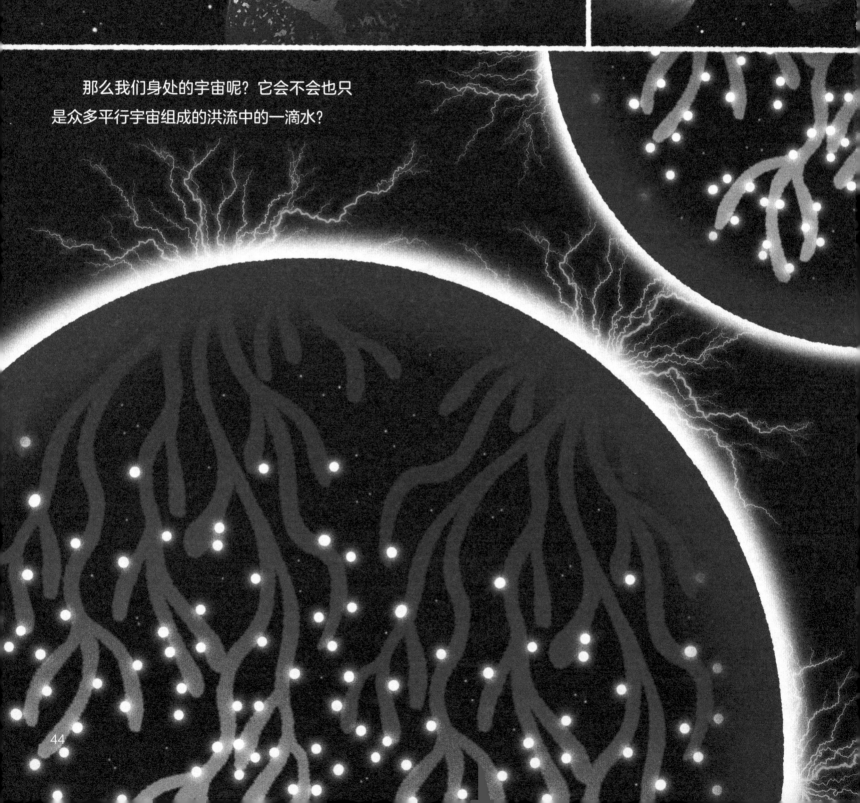

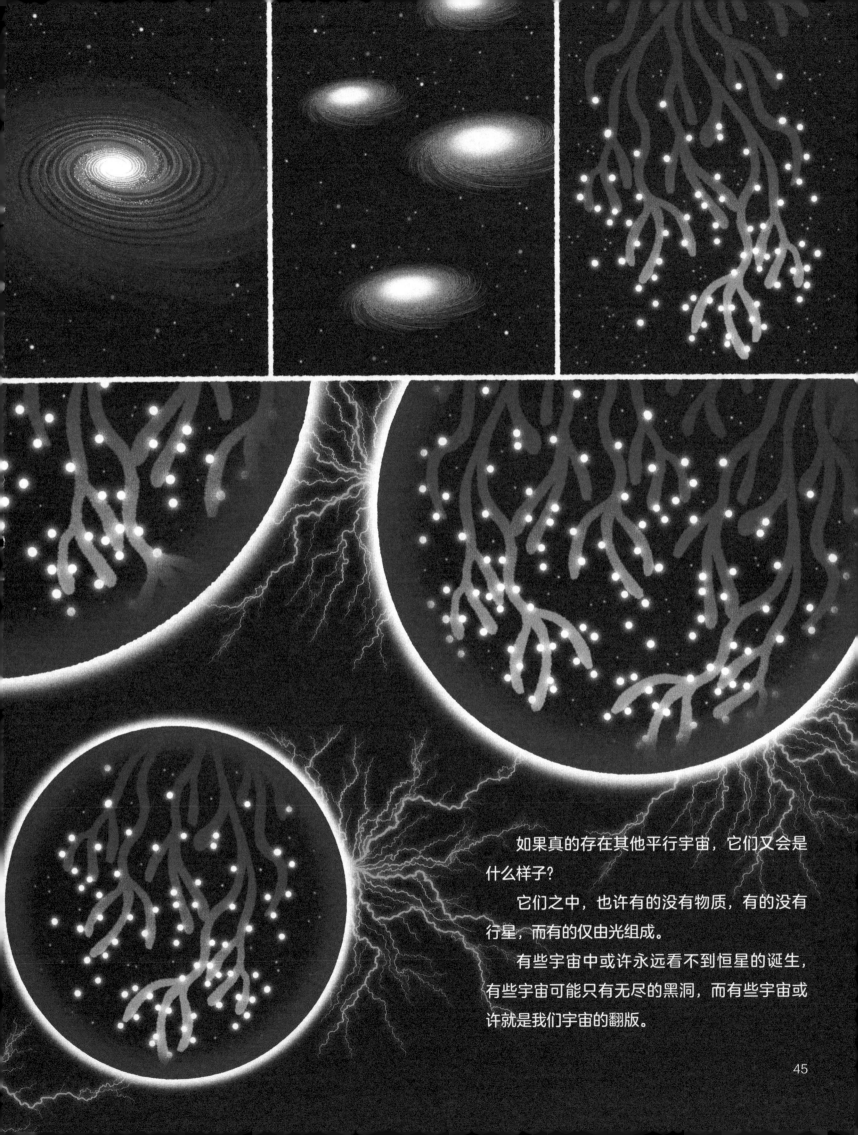

如果真的存在其他平行宇宙，它们又会是什么样子？

它们之中，也许有的没有物质，有的没有行星，而有的仅由光组成。

有些宇宙中或许永远看不到恒星的诞生，有些宇宙可能只有无尽的黑洞，而有些宇宙或许就是我们宇宙的翻版。

宇宙和我

舍弃小我，我即世界。

———［日］梦窗疏石

鸣谢

本书作者向以下所有对创作过程给予帮助的个人和机构致以最诚挚的谢意：

安托万·古斯多夫，感谢他在本书构思、写作和校对过程中给予的大力支持；

罗兰·勒乌克，感谢他以高标准、高要求对待这本书，以及他所有的建议和细心的校对工作；

弗朗索瓦丝·科姆，感谢她的支持并为本书撰写前言；

法国国家科学研究中心天体粒子与宇宙学实验室（本书的两位作者之一纪尧姆·普雷沃也就职于该实验室）。

部分参考文献

乔安娜·巴克.你不可不知的50个天文知识(*50 clé pour l'astronomie*).法国迪诺出版社(Dunod),2016.

奥雷利安·巴罗.宇宙大爆炸及其他(*Big Bang et au-delà*).法国迪诺出版社(Dunod),2019.

西尔万·宝丽.天文学三百问(*L'Astronomie en 300 questions-réponse*).法国德拉绍和尼斯特雷出版社(Delachaux et Niestlé),2009.

西尔万·查蒂.裸眼看太空的殖民化(*La Colonisation de l'espace à l'œil nu*).法国国家科学研究中心出版社(CNRS),2020.

大卫·福塞,菲利普·布歇.系外行星(*Exoplanète*).法国贝林出版社(Belin),2018.

克里斯托弗·加尔法德.极简宇宙史(*L'univers à portée de main*).法国弗拉马里翁出版社(Flammarion),2017.

天文学图谱(*Le Grand Atlas de l'astronomie*).法国格雷纳出版社(Glénat),2020.

史蒂芬·霍金.对重大问题的简要回答(*Brèves réponses aux grandes questions*).法国奥迪尔·雅各布出版社(Odile Jacob),2018.

史蒂芬·霍金.宇宙简史：起源与归宿(*Petite histoire de l'Univers: du Big Bang à la fin du monde*).法国佛拉马里翁出版社(Flammarion),2014.

史蒂芬·霍金.时间简史：从大爆炸到黑洞(*Une brève histoire du temps ; les grandes theories du Cosmos : du Big Bang aux trous noirs*).法国我读过出版社(J' ai lu),2007.

艾蒂安·克莱因.宇宙起源演讲录(*Discours sur l'origine de l'Univers*).法国佛拉马里翁出版社(Flammarion),2016.

艾蒂安·克莱因,索菲·让森.宇宙中的原子(*Les Atomes de l'Univers*).法国苹果树出版社(Éditions Le Pommier),2016.

罗朗德·勒乌克.宇宙是否有形态?(*l'Univers a-t-il une forme ?*).法国佛拉马里翁出版社(Flammarion),2004.

布朗蒂尼·普鲁谢.浅析宇宙大爆炸(*Le Big Bang pour les nuls*).法国第一出版社(First),2017.

佛洛朗斯·波塞尔.宇宙的秘密(*Les Big Secrets de l'Univers*).法国迪诺出版社(Dunot),2019.

休伯特·里夫斯.说给孩子们听的宇宙(*L'Univers expliqué à mes petits-enfants*).法国瑟伊出版社(Le Seuil),2011.

休伯特·里夫斯.蔚蓝世界的耐心：宇宙的演变(*Patience dans l'azur. L'évolution cosmique*).法国普安出版社(Points),2014.

休伯特·里夫斯等.物质及宇宙简史(*Petite histoire de la matière et de l'Univers*).法国苹果树出版社(Éditions Le Pommier),2019.

茜尔维·沃克莱尔.与宇宙对话(*Dialogues avec l'Univers*).法国奥迪尔·雅各布出版社(Odile Jacob),2015.

保罗·维尔.在增强现实中探索宇宙(*J'explore l'Univers en réalité augmentée*).法国格雷纳出版社(Glénat),2019.